U0242887

写给小学生看的相对论1

月亮与苹果的法则

〔日〕福江纯◎著　〔日〕北原菜里子◎绘　　肖　潇◎译

（第2版）

北京科学技术出版社

著作权合同登记号　图字：01-2011-6552

图书在版编目（CIP）数据

写给小学生看的相对论. 1，月亮与苹果的法则 /（日）福江纯著 ；（日）北原菜里子绘 ；肖潇译. — 2版. — 北京 ：北京科学技术出版社，2022.6(2024.9重印)

ISBN 978-7-5714-1957-8

Ⅰ. ①写… Ⅱ. ①福… ②北… ③肖… Ⅲ. ①相对论-少儿读物 Ⅳ. ①O412.1-49

中国版本图书馆CIP数据核字（2022）第001497号

策划编辑：桂媛媛
责任编辑：张　芳
封面设计：缪白雪
责任印制：李　茗
出 版 人：曾庆宇
出版发行：北京科学技术出版社
社　　址：北京西直门南大街16号
邮政编码：100035
网　　址：www.bkydw.cn
ISBN 978-7-5714-1957-8

电　　话：0086-10-66135495（总编室）
　　　　　0086-10-66113227（发行部）
印　　刷：三河市华骏印务包装有限公司
开　　本：889 mm × 1194 mm　1/20
字　　数：35千字
印　　张：3.4
版　　次：2012年5月第1版
　　　　　2022年6月第2版
印　　次：2024年9月第2次印刷

定　　价：148.00元（全4册）

学习愛因斯坦
成为愛因斯坦
超越愛因斯坦

激发好奇兴趣
探索自然规律
揭示宇宙奥秘

为科学做贡献
为文明添光彩
为人类造幸福

中国科学院院士 吴岳良

2012.3.12

目 录

月亮为什么不会掉下来呢?

这是草木葱茏的5月。从春天开始，小智和星子就是京都市内某小学五年级的学生了。假日里，他们和爸爸妈妈一起来到鸭川野餐。在被初夏的阳光照得闪闪发光的河面上，白色的水鸟正在嬉戏。沿着河边走一会儿后，小智和星子开始出汗了。他们在垫子上坐下来休息，一边吹着微风，一边仰望蓝天。突然，小智惊讶地叫了起来。

“呀，快看，月亮！”

“还真是呀！大白天居然也能看见月亮啊？”

“是细细的月牙。”

“弯弯的，像镰刀一样。”

“对了，月亮为什么不会掉下来呢？”

星子忽然想起来，新发的科学课本上就有月亮的照片。

“我记得在科学课本上看到过月亮的照片。”

“是吗？我怎么完全没印象？”

“可能是因为老师还没讲到这一部分吧。”

“听说你的班主任在大学里学过关于宇宙的知识。”

“嗯，是啊。据说，她还学过有关黑洞的知识呢。我想她应该知道答案，明天我们去问问她吧。”

“嗯，就这么办。”

第二天放学后，小智和星子一起找到了星子的班主任响子老师。

“老师，我们有个问题想请教您，可以吗？”

“当然可以啊，星子。咦？这位同学是……嗯，是隔壁班的同学，对吧？”

“嗯，这是我的双胞胎弟弟，叫小智。”

“哦？你们是双胞胎啊！我刚刚来咱们学校当老师，还没认全学校里的学生。对不起，小智。那么，你们想问什么问题呢？”

“小智，你来说吧。”

“嗯。老师，我从很久以前开始就觉得很奇怪：为什么月亮不会掉下来呢？难道它就这样一直挂在天上吗？”

“哇！小智提的问题很高深。嗯——怎么讲呢？物体能够落向地面，是因为受到了重力的作用，对吧？月亮呢，是围着地球咕噜咕噜转动的，这样便产生了一种离开地心的力，叫作离心力。离心力和重力恰好达到了平衡，所以月亮就不会掉下来了。”

&“我们还是不太懂。到底什么是离心力呢？离心力与重力、引力又有什么不一样呢？”

小智和星子异口同声地问道。

“所谓离心力嘛，嗯，这么讲好了，在游乐场坐太空飞轮的时候，你们有没有感觉到有一股力在把你们的身体向外甩呀？那就是离心力！”

“在公园坐过山车的时候，产生那种要飞出去的感觉也是因为这种力吧？”

“对！不光如此，洗衣机给衣服脱水，利用的也是离心力。”

离心力

“那，那……又没有什么东西推动月亮让它转……它究竟是怎么转起来的呢？”

这个问题问得真好。

“推动月亮转动的就是地球的重力。”

小智和星子似乎更糊涂了，脸上都露出了迷惑的神情。

“嗯，让月亮转动起来的……这个……还是重力。”

响子老师试图解释，但是似乎有点儿为难。

“还是没听懂？”

响子老师看着两个孩子，不禁喃喃自语：“唉，怎么才能把牛顿的运动定律给小学生讲明白呢？”

“对啦，这样吧，下周五我要去我的大学老师那里玩，你们要不要一起去？”

“大学？”

“嗯，就是我原来读书的大学。大学里的老师能把很高深的知识用很简单的方法讲出来，或许你们还有其他想了解的问题，到时候可以一起问。”

响子老师一边化解眼前的尴尬，一边暗暗下决心要在周五之前多做功课。

速度与加速度

到了周五，三个人如约在车站会合，前往响子老师曾经就读的大学。因为正值旅游旺季，车厢被外出郊游的人挤得满满的。三个人刚刚找到座位坐下，电车就开动了。

“这几天老师又仔细想了想你们的问题，现在再给你们讲一讲吧。”

& “好——”

“上次我从重力讲起，好像不太容易理解。这次就换个角度，从更基础的知识开始讲吧。我们先说说‘运动’。”

响子老师一边说一边从包里拿出了笔记本。

“为什么会和体育有关呢？”

“你真笨！这个‘运动’不是指体育。对吧，老师？”

“嗯，没错，平时一说到运动，我们就会想到锻炼身体的体育运动，但我们今天要说的是物体的运动。比如，球的‘运动’是指被扔出去的球的位置不断变化的现象，而‘月亮在运动’是指月亮绕着地球转动。这就是物体的运动。”

“啊，我懂了。哈哈……”

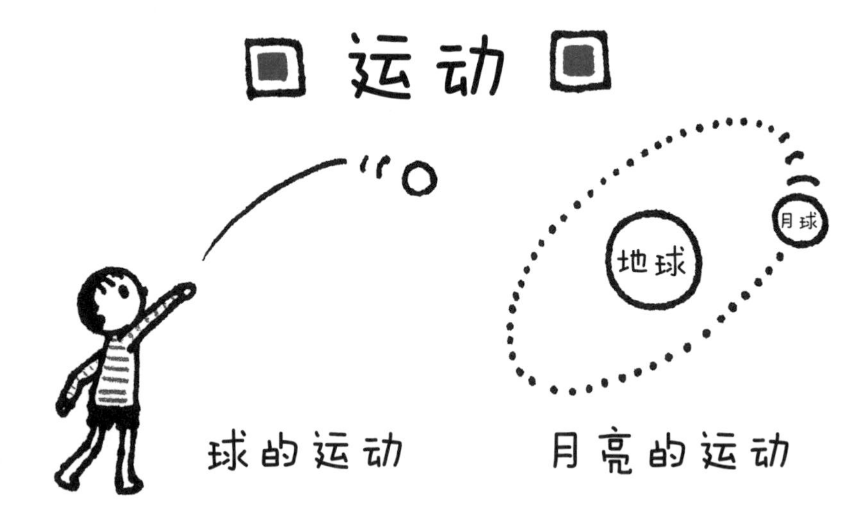

“那么，在物体运动的时候，该怎么形容它的样子呢？比如说，小智在放学的路上看见一辆救护车驶过，事后小智会怎样给星子讲述当时的情景呢？”

“嗯，我想想看——救护车飞快地开过去了……如果物体运动很快的话，就可以说它当时的速度很快。”

“对，是与速度有关。”

“没错。要想描述一个物体运动时的样子，首先必须知道它的速度，也就是它运动的快慢。那么，怎么才能知道救护车的速度呢？”

“这好办，看车速表呗！”

“但是，在车外是看不见车速表的呀。”

“如果看不到车速表，只要知道救护车在多长时间内走了多远，用距离除以时间，就能算出速度。”

“啊！对啊！在数学课上我们学过。”

“比如说，这辆电车行驶40千米的距离大约用了40分钟，40除以40，它的分速就是1千米。现在，老师问问你

只要知道在多长时间内走了多远，
用距离除以时间，就能算出速度。
速度=距离÷时间
速度指的是物体在单位时间内所通过的距离。
时速是指物体在1小时内所通过的距离。
分速是指物体在1分钟内所通过的距离。
秒速是指物体在1秒钟内所通过的距离。
例如，分速1千米是指物体每分钟通过1千米的距离。

们：如果新干线列车的时速是240千米，那么新干线列车的速度是这辆电车的速度的多少倍呢？”

“这辆电车每分钟行进1千米，1个小时的话……就是60千米吧？所以它的时速就是60千米。240除以60，新干线列车的速度是它的速度的4倍。”

“嗯，算对了，奖励星子一下！”

响子老师一边说一边拿出了口香糖。

“可是，速度永远都不会改变吗？”

“问得好！小智发现了一个很重要的问题。比如说这辆电车，它不可能从一开始就以60千米的时速行驶，而是从驶离车站开始逐渐提高速度，也就是我们平时所说的加速，最后才达到现在的速度。反过来，在快要进站的时候，电车会通过刹车慢慢减速，最后停在站台上。而且，即便在行驶的过程中，电车也可能通过控制刹车之类的方式降低速度，所以它的速度并不是一直不变的。”

“我骑自行车的时候也是这样，出发之后会越骑越快，想要停下来的时候就捏紧车闸。”

“没错。所以呀，在描述物体运动的样子时，只用速度是不行的，观察速度的变化过程也非常重要。速度的变化与发生这种变化所用的时间的比，也就是单位时间内速度的变化，就是所谓的‘加速度’。”

“啊？这就是加速度呀？我听说过这个词。”

“是啊，这就是加速度。比如说，汽车从原本静止的状态到以分速1千米的速度行驶，这个过程用2分钟和用5分钟，汽车的加速度是不一样的——用2分钟，汽车的加速度更大。所以，要想知道加速度的大小，就要用速度的变化除以发生这种变化所用的时间。”

要想知道物体的加速度的大小，就要用速度的变化除以发生这种变化所需要的时间。

加速度=速度的变化÷时间

所谓加速度，就是指单位时间内速度的变化。

例如，我们乘坐的电车将速度从0变为分速40千米用了40分钟，那么每分钟的速度变化就是1千米/分。它的加速度就是1千米/分^2。

响子老师一边在笔记本上写写画画，一边讲解。

“比如说那辆电车，停着的时候它的速度是0千米/分，开动以后它用2分钟的时间达到了1千米/分，那么它的速度变化就是1减去0，然后除以2，也就是说，它的加速度是0.5千米/分^2。”

“如果这个过程用了5分钟，那么就是1除以5，也就是说，它的加速度是0.2千米/分^2，对吗？”

“没错。加速度越大，速度的变化也就越大。加速度是描述物体运动状态的重要因素之一，一定要记住！”

没有摩擦的世界

“现在，老师要问你们一个问题：怎样才能让电车停下来呢？”

“踩刹车呀。这个问题太简单啦！”

“那你说说，刹车是怎么让电车停下来的呀？”

“啊？”

“是不是和自行车的车闸一样呀？只要踩了刹车，电车的车轮就会被卡住，不能再转了，于是电车就停下来了。”

“嗯，肯定是这样的。”

“那么，如果刹车不灵了，会怎么样呢？”

“那可就糟了，车会飞快地跑个不停，直到与别的车相撞！”

“我们来做个假设吧。假设路会一直延伸下去，路上也没有别的电车挡道。在这种情况下，如果突然切断电源，使行驶中的电车失去动力，它会怎么样呢？”

“如果那样的话，嗯……我想电车会继续行驶一小段距离，但是速度会越来越慢，不久它就会停下来。”

“你是说电车不用刹车也能停下来？为什么呢？”

“我也说不清楚，但我就是这么认为的。”

“我知道了。虽然刹车不灵了，但是车轮与路面相蹭，就好像刹车发挥了作用一样，所以车子就慢慢停下来了。”

“对！车轮与路面相蹭产生的力虽然很小，但最终还是能让电车停下来。车轮与路面相蹭这种现象就叫‘摩擦’。”

“摩擦？我听过这个词，两只手搓来搓去也叫摩擦。”

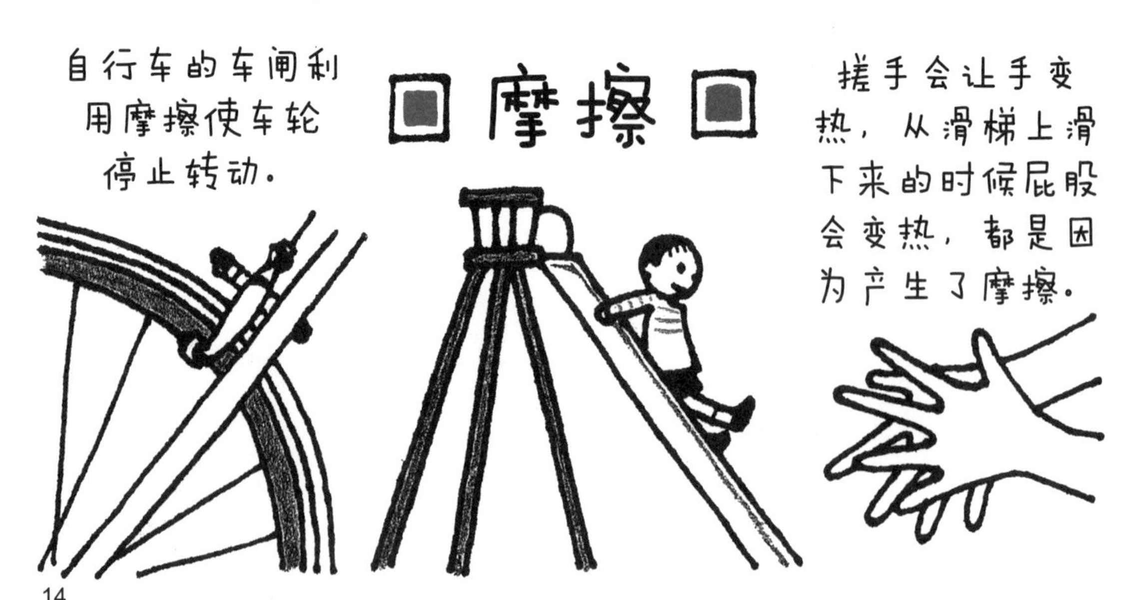

“再想一想：如果没有摩擦，会怎么样呢？”

“什么？没有摩擦？”

“别担心，摩擦是无处不在的。但是我们可以在脑海中想象一个没有摩擦的世界呀。比如说，没有空气的宇宙空间，就是一个几乎没有摩擦的世界。在没有摩擦的世界里，行驶着的电车会怎么样呢？”

“应该会一直不停地行驶下去吧。”

“我觉得也是。”

“确实是这样。如果没有摩擦之类的阻碍运动的因素存在，运动着的物体就会以相同的速度一直运动下去。反过来，只要不给处于静止状态的物体施加让它运动起来的力，它就不会自己突然运动起来。这种运动着的物体保持运动状态，静止的物体保持静止状态，也就是物体保持自身原有运动或静止状态的性质就叫作‘惯性’。”

“惯性？”

惯性

静止的物体会保持静止状态。

运动着的物体会保持运动状态。

所有的物体都具有这种性质。在没有摩擦的世界里，这种性质会更加明显地表现出来；而在我们所处的世界里，因为到处都存在摩擦，所以似乎看不到它。实际上，所有的物体都具有这样的性质。

就好像在冰面上一样，在摩擦较小的地方，物体更容易滑动，而且滑得更远。

“是的，惯性。在我们所处的世界里，因为各种物体之间都存在摩擦，就连空气也会对物体之间的接触造成干扰，所以即使我们什么都不做，也很难让物体一直运动下去。但是，在没有空气也没有摩擦的宇宙空间里，物体一旦开始运动，就会由于惯性而永远运动下去。”

& “啊！”

力改变了运动

“就像我刚才所说的，在没有摩擦的世界里，如果什么都不做，也就是说如果没有外力的话，静止的物体就会一直保持静止，运动着的物体则会一直以同样的速度运动下去。反过来说，要想让静止的物体运动起来，或者改变运动着的物体的运动速度，就必须做点儿什么。简单的做法就是用手去推或者拉物体，给物体施加一定的力。这在我们所处的世界里也是一样的。”

“骑自行车就是这样的。如果想提高速度，就必须更加用力地蹬车，对吧？”

“没错，要想改变速度就必须施加外力。施加的力越大，速度的改变也就越大。但是，有些特别重的东西，我们即便使很大的力，也还是推不动。”

“对啊。”

“也就是说，物体越重，改变其速度就越难。我们说过，单位时间内速度的变化叫作加速度，对吧？所以我们就能进一步说：施加的力越大，加速度就越大；在施加的力大小相同的情况下，物体越重，加速度的变化就越小。能听明白吗？”

&“还是……有点儿不明白。”

“用专业术语来说，物体的重量实际上应该叫作‘质量’。施加的力、物体的质量和产生的加速度，这三者之间的关系是这样的……”

响子老师一边说一边在笔记本上写出了下面的公式。

$$加速度=\frac{施加的力}{质量}$$

- 如果质量相同，那么施加的力越大，加速度就越大。
- 如果施加的力相同，那么质量越大，加速度就越小。

“咦？是除法啊。”

“没错。这个公式看起来很简单吧？但是，就是它决定着我们所处的世界中各种各样的运动如何发生，它是一个最基本的公式。”

关于世界构成的三大定律

“物体的运动还有一个重要的特性，那就是，如果一个物体对另一个物体施力，那么就会有同样大小的力反作用于施力的一方。比如说，星子和小智是好姐弟，但是偶尔也会吵架，对吧？”

& “呃……偶尔会……”

“有互相用头撞对方的时候吗？”

“老师是说打架吗？那倒没有，但是因为家里地方比较小，所以有时候会在无意中相撞。”

“嗯，我们就拿这个举例吧。当你们相撞的时候，被撞的一方当然会觉得疼，但是撞人的一方也会觉得疼吧？”

& “您这么一说……还真是。”

对物体施力……

会有同样大小的力反作用回来。

“这是因为被撞的一方在受到力的同时，也将同样大小的力施加给了主动撞人的一方。像这样施力并受到大小相同、方向相反的力，就叫作作用与反作用，其中施力叫作作用，受力叫作反作用。”

“把球往墙上扔的时候，球猛地撞到墙以后，会用很大的力反弹回来，也是这个道理吧？”

“正是。那么，对刚才讨论的物体运动的重要性质，也就是‘定律’，我们做个总结吧。”

响子老师继续一边在笔记本上写写画画，一边给星子和小智讲解。（请看第22～23页的图。）

“刚才我们讨论了物体运动的三个定律，这三个定律合起来就叫‘牛顿运动定律’。我们所处的世界里发生的各种事都能用牛顿运动定律加以解释，在这个意义上，我们也可以把它看作描述世界构成的定律。”

& “噢——”

牛顿

牛顿第一定律（惯性定律）

一切物体在没有受到力的作用时，会保持静止状态或匀速直线运动状态。也就是说，静止的物体会一直静止，运动着的物体会以同样的速度一直运动下去。

牛顿第三定律（作用与反作用定律）

一个物体在对另一个物体施力的同时，也会受到大小相等、方向相反的力。

运动定律

牛顿第二定律（运动定律）

力的作用会改变物体运动的状态。此时，对物体施加的力、物体的质量和速度的变化（加速度）之间存在下面的关系。

$$\text{加速度}=\frac{\text{施加的力}}{\text{质量}}$$

所有的东西都在相互吸引

“你们前两天提出的关于月亮的问题与离心力和重力有关，对吧？我们刚才一直在讨论力，其实，除了用手把物体举起来这种由人发出的力，世界上还有其他各种各样的力。”

“例如，使弹簧和橡皮筋伸长和缩短的弹力，对吗？”

“没错没错。除了这个以外呢？”

“磁铁的N极和S极相互吸引，N极和N极或者S极和S极却相互排斥，这也算一种力吗？”

“当然算。力的种类多着呢！用手举起物体的时候，手必须和物体接触，但是磁铁无须接触就可以产生吸引力和排斥力。所以，在力当中，存在着即使隔了一定距离也能发生作用的力。而在这种即使隔了一定距离也能发生作用的力当中，还有一种和磁力不同的力，那就是地球吸引其他物体的力，也就是前面说到的‘重力’。”

“那引力又是什么呢？”

“嗯，实际上，不仅地球会吸引其他物体，所有的物体其实都在相互吸引。这种作用于所有物体之间，使它们相互吸引的力就叫作‘万有引力’，简称‘引力’。”

“那么，我和小智也在相互吸引吗？”

我们身边的力

人发出的力

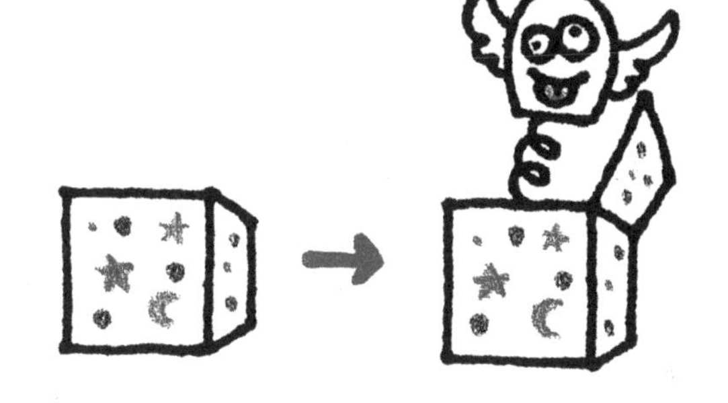

压紧的弹簧松开时发出的力

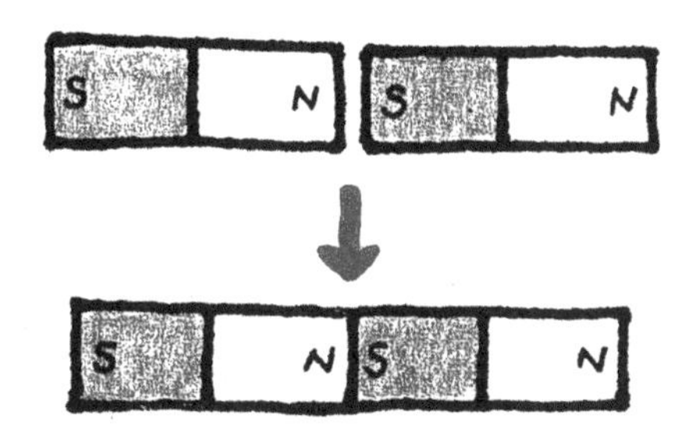

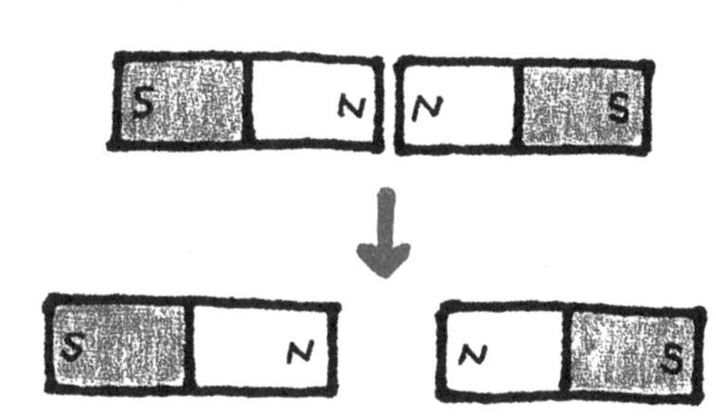

磁铁互相吸引或互相排斥的力

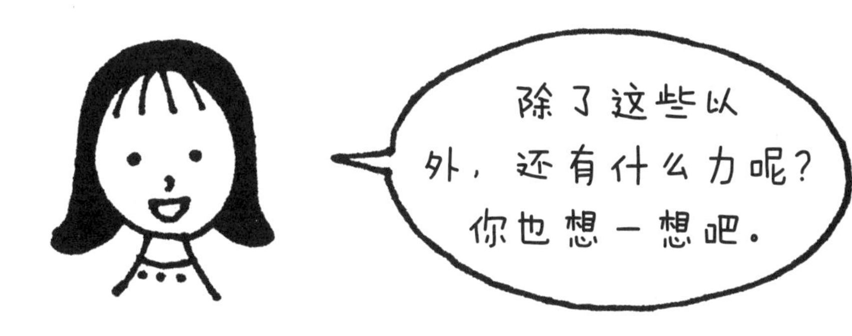

“没错，的确如此。只不过与磁铁的力相比，万有引力非常小。比如说，虽然小智和星子也因为万有引力的作用在相互吸引，但是你们完全可以轻松地挣脱对方的吸引。而如果把一方换成地球，由于它的质量非常大，它吸引其他物体的力也就非常大，你们就没法挣脱了——这就是所谓的重力。”

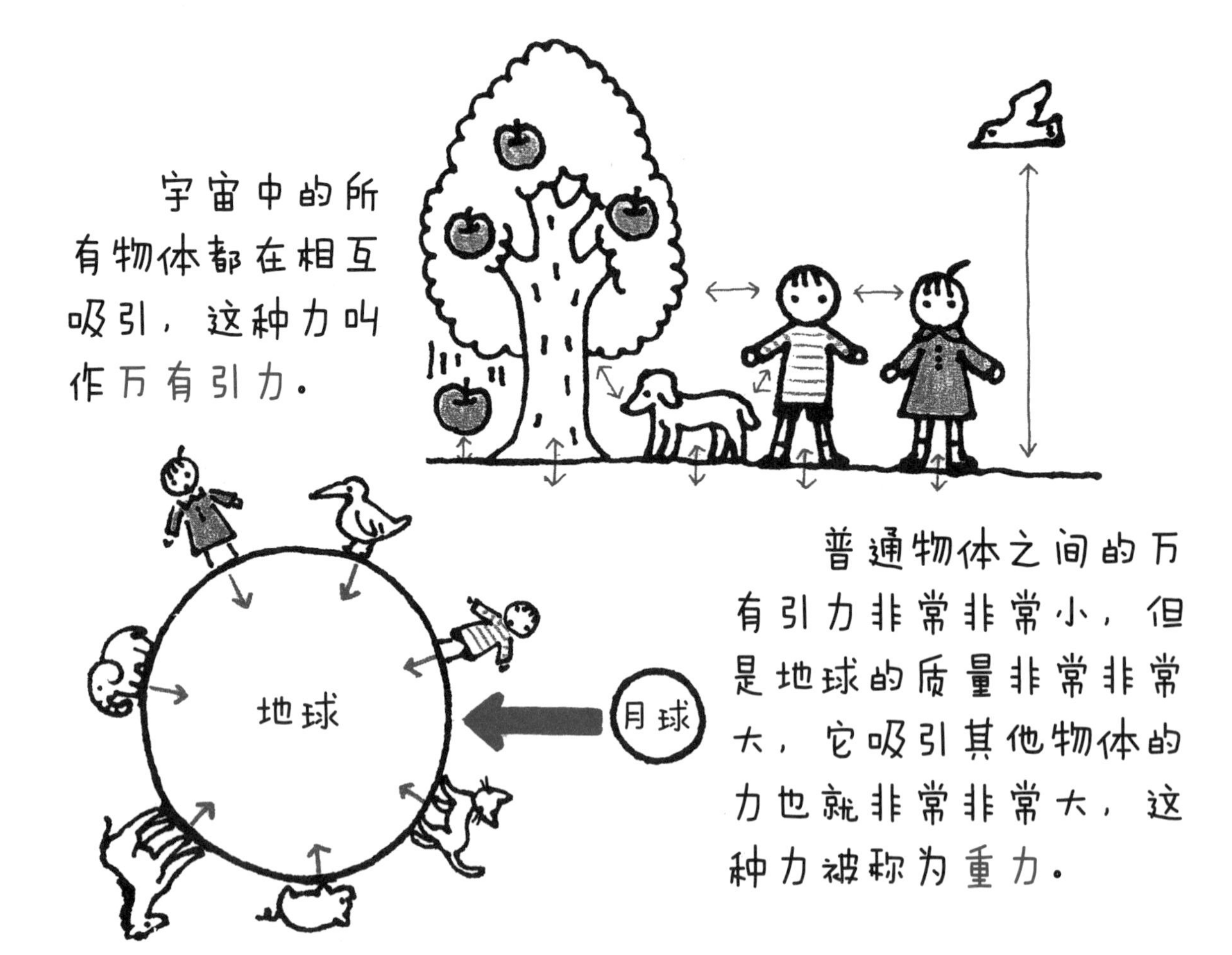

“也就是说，万有引力和物体的质量有关系？”

“没错。物体的质量越大，万有引力就越大。另外，万有引力还与两个物体之间的距离有关系。”

“距离？”

“是呀。比如说，我们拔河的时候，双方无论是离得近还是离得远，感觉都差不多。但是如果换成磁铁，两块磁铁离得越近，相互之间的吸引力就越大，对吧？万有引力和磁铁的力类似，也是两个物体的距离越近，万有引力就越大，距离越远，万有引力就越小。”

“咦——”

牛顿的万有引力定律

① 所有的物体都相互吸引。

② 万有引力具有下面的性质。

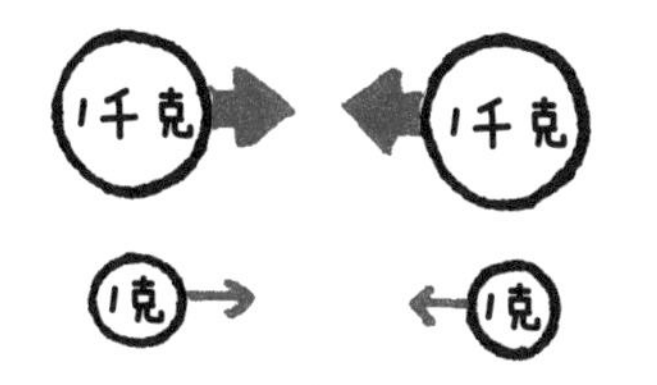

质量大的物体之间的万有引力大，质量小的物体之间的万有引力小。

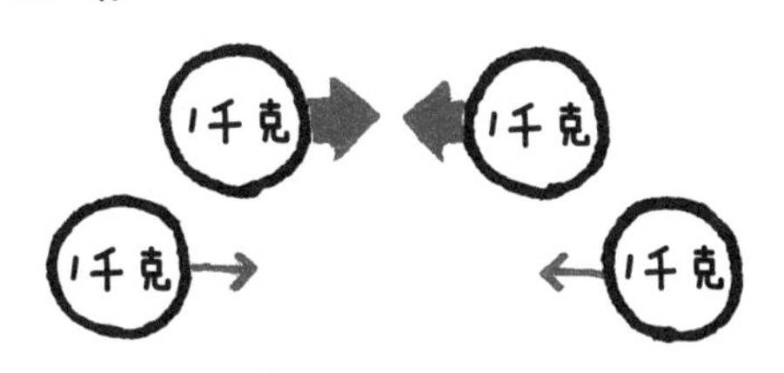

距离近的物体之间的万有引力大，距离远的物体之间的万有引力小。

“万有引力的这种性质被称为‘万有引力定律’，是牛顿经过废寝忘食的研究才发现的。据说，牛顿是通过观察苹果落地的现象发现这个定律的。”

“但是，如果只有万有引力作用的话，月亮不是也会从天上掉下来吗？”

“之前不是说过还有离心力嘛！”

“没错。如果只有重力的话，月亮确实会掉下来。然而月亮实际上并没有掉下来，这是因为月亮在围绕着地球旋转，这样的旋转产生了一种要脱离地球的力，这就是所谓的离心力。正是由于离心力和重力之间完美的相互作用，月亮才既不会飞走，也不会掉下来。”

“啊，原来是这样啊！”

“我们先讲到这儿，其余的问题留给大学里的老师来解答吧。”

大学是什么样的地方？

电车停在了“京都教育大学”站。虽然站名叫“京都教育大学”，但实际上距离京都教育大学还有一段距离。这所大学建在一座矮山上，有自动扶梯一直通到山顶。

“老师，大学到底是一个什么样的地方呢？”

“这个嘛，其实每所大学都不一样，所以没办法用一句话说清楚。但是，嗯——老师就读的大学，也就是我们马上要去的京都教育大学，是毕业以后想当老师的人就读的学校，可以说是培养老师的摇篮。”

“那响子老师就是三月份刚从这个摇篮里出来的喽？”

“哈哈，没错。”

“上了大学也要学习吗？”

“当然啦。虽然与小学、初中和高中的时候比起来，学习的内容更难了，也更专业了，但是能够学到更多自己感兴趣的知识。”

“感兴趣……的知识？”

“咦？难道星子讨厌学习？”

“也不是讨厌……”

“而且，不是只有上课、写作业才叫学习。老师在大学读书时，参加了各种各样的俱乐部和课外活动，这也是一种学习方式。通过这种学习方式，你可以交到朋友，还可以思考人生的意义——这些都是在大学里能学到的重要东西。”

“是吗？”

“大学毕业以后还想继续学习的人可以读研究生，老师也读了两年研究生呢。”

“老师学的是什么专业呢？”

“因为我对宇宙特别感兴趣，所以在大学四年级和读研究生的时候专门学习了黑洞方面的知识。”

“咦？黑洞？好厉害啊！听起来就很有意思。”

“的确很有意思。以后我们专门谈一谈这个话题。”

依山而建的京都教育大学的校园特别开阔，湛蓝的天空下全是崭新的建筑物。这是一所非常漂亮的大学，原来位于京都市中心，校园非常狭小，几年前搬到了这里。红砖铺成的道路笔直而宽阔，道路两旁排列着一座座灰色的小楼。

小智和星子都是第一次来到大学校园，看什么都觉得很新鲜。

“喏！你们能看见远处那座带白色圆顶的大楼吗？圆顶下面有架望远镜，我的老师的研究室就在这座大楼里。”

三个人进入那座带圆顶的建筑物，沿着台阶走上去，眼前出现了一条漂亮的走廊，走廊的一侧有很多扇门。小智和星子既充满期待，又有点儿紧张。响子老师推开一扇挂着“天文学研究室”的牌子的门（门是虚掩着的），他们看到了一间比教室小一些的屋子。屋子中间摆着一张看上去有点儿古老的大木桌，周围还摆着另外几张桌子，显得有些拥挤。虽然是周五，但还是有很多大哥哥大姐姐在里面忙碌着，大木桌旁还坐着一位戴眼镜的叔叔（大概是响子老师的老师吧）。看到靠墙摆着好几台电视机，墙上还挂着印有流行漫画的日历，小智和星子都感到有些意外。但最让他们俩吃惊的，还是这里有特别多的书。

“大家好！”

“呀！今天过来玩呀？”

“好久不见了。”

“师姐，好久不见了！”

“嗯。大家都还好吧？这是一点儿心意。”

“哇，有好吃的！今天运气真好！”

“师姐来得真是时候啊！我们正要喝点儿茶休息一下呢。”

一进门，响子老师就和屋子里的大哥哥大姐姐们打起了招呼，此时她的样子和平时在学校里看到的完全不一样。小智和星子惊奇地看着响子老师，她笑得好开心啊……

“啊！我忘了介绍了，这两个孩子是我们学校五年级的学生——小智和星子。因为他们有些问题想问大家，所以我今天把他们也带来了。这位是翼教授，是我的大学老师，他可是一位很了不起的老师！”

这位老师没系领带，和大家一起嘻嘻哈哈的，看起来和蔼可亲，完全看不出是一位了不起的老师。

“你们想问什么问题呢？来，先喝茶。”

小智和星子没想到那么了不起的大学老师会招呼他们喝茶，紧张的心情逐渐放松下来。

&（这就是传说中的大学吗？）

“好多电视机啊！”

“那是电脑吧？我猜。”

月亮一直在往下掉

“孩子们，你们刚才说有问题要问，是什么问题呢？”

屋子里立刻安静下来，因为这里的大哥哥大姐姐将来都要做老师，所以他们对小学生提的问题都很感兴趣。

“你说，你说。”

“嗯，那个，一开始我们觉得月亮挂在天上不会掉下来是一件不可思议的事，于是就去问老师……啊，就是响子老师啦。然后，响子老师就说带我们来翼教授这里问问。但是，在来这里的路上，响子老师已经给我们大致讲了讲其中的原因，我觉得我们似乎听懂了。”

“原来如此。那你说说，月亮为什么不会掉下来呢？”

“嗯，首先，月亮被地球吸引着……这是由于地球重力的缘故。但最终月亮并没有掉下来，这是因为它围绕地球转动时产生的离心力发挥了作用，这是一种使月亮脱离地球飞走的力，它与重力正好相等，所以月亮就不会掉下来。”

“啊，看来响子老师讲得很好啊！”

“太好了，小智都记住了。”

“不过嘛，准确地说，这个说法是不对的，因为实际上月亮一直在往下掉。”

大家都惊呼了一声：“啊？”

“嗯，我们一起来看看。”

翼教授一边说，一边拿起笔在白板上画了起来。

“假设这个大圆是地球，那个小圆是月球。”

翼教授在表示月球的小圆上画了两个箭头，一个是朝向地球的箭头①，另一个是背离地球的箭头②。

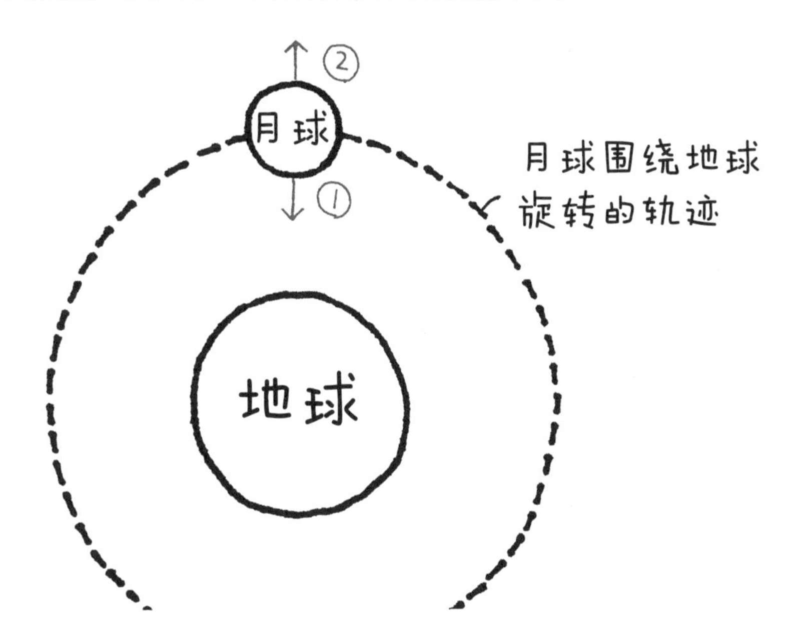

“月球被地球吸引着，这个重力我们标记成箭头①，同时，月球围绕着地球旋转会产生向外的离心力，我们把它标记成箭头②。月球距离地球大约38万千米，以大约28天的周期围绕地球旋转。在这种情况下，重力和离心力恰好相等。

“但是，如果没有了重力，会怎么样呢？比如说，如果地球突然间消失了，那么月球会怎么样呢？”

“是不是会飞走呀？”

“飞到哪里去呢？”

“箭头①消失了，那应该是沿着箭头②的方向飞走吧？”

“但是，离心力是因为围绕着某个物体旋转才产生的呀。如果地球消失了，就没有这样的旋转了，箭头②的力也就会消失。”

“那样的话，嗯，如果什么力都没有，月球就会一直保持直线运动。那是不是会沿着这个方向笔直地飞走呀？”

翼教授听后点了点头，在月球的运动轨迹上画出了大大的箭头③。

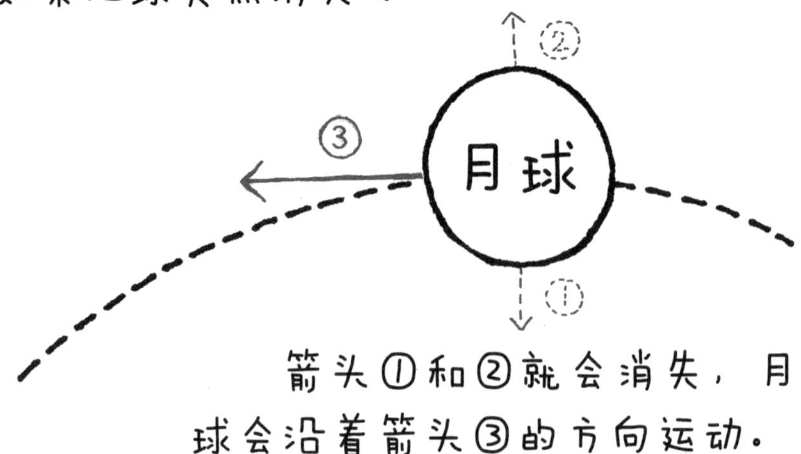

“没错。如果没有了地球的重力，月球就会沿着直线一直运动下去。如果没有外力的作用，运动着的物体就会一直以同样的速度做直线运动，这就是‘惯性定律’，响子老师已经给你们讲过了。但是实际上，地球的重力一直都在发挥作用……”

翼教授又沿着月球的运动轨迹画出了粗粗的箭头④。

“实际上，月球是沿着这个方向运动的。”

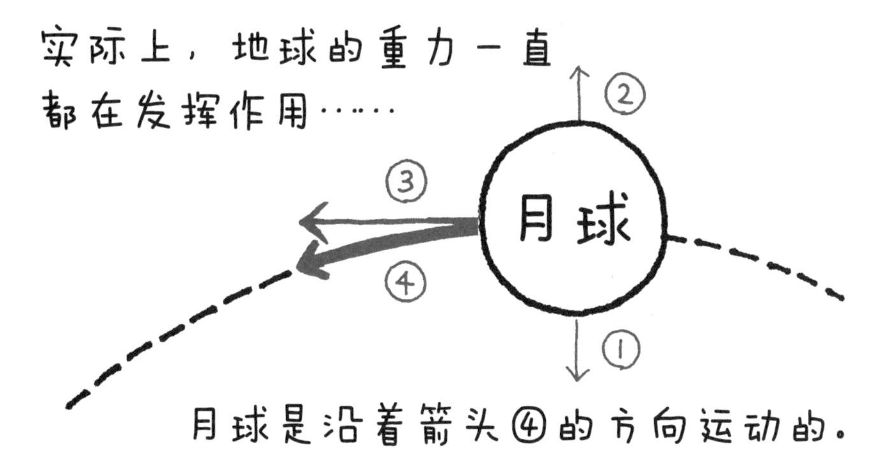

这时，翼教授又在刚才画的箭头③和箭头④之间画出了箭头⑤。

“与重力消失的时候相比，月球往地球方向下落的距离是这么远！”

&“这样啊！”

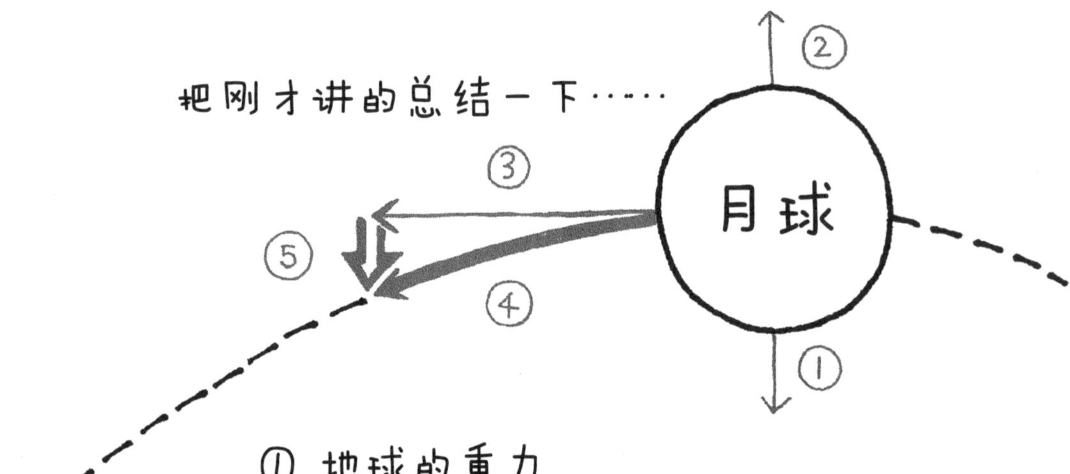

① 地球的重力

② 围绕地球旋转而产生的离心力

③ 地球的重力消失时月球的运动方向

④ 地球的重力发生作用时月球的运动方向

通过比较箭头③和④就可以明白，因为地球重力的存在，月球是往地球的方向下落的，箭头⑤所指示的就是月球下落的距离。

“也就是说，月球一边绕着地球转动，一边不停地往地球的方向下落。”

&“哦——”

“如果没有重力，由于具有惯性，月球会一直做直线运动。但是因为有重力存在，所以月球会往下掉。结论就是，月球的运动和苹果掉到地上其实是同样的道理，无论月球还是苹果，都遵循同样的运动定律，这是牛顿发现的。”

星子注意到，听了翼教授的讲解，连响子老师他们也都显出一脸惊讶的样子。

自然的法则

“可是，为什么……为什么地球会吸引月球呢？为什么会有重力呢？”

星子仿佛受到了整个氛围的感染，又冒出新的问题来。

“为什么物体会相互吸引？为什么会存在万有引力？其实这些问题到现在还没有完全搞清楚。现在已经清楚的是，如果以万有引力定律为出发点去思考问题，从苹果的运动到人造卫星和月球的运动，各种各样的问题都能得到很好的解释。虽然我们还不清楚万有引力是如何产生的，但是我们知道这就是存在于宇宙中的自然法则。”

“连大学老师也不清楚吗？”

星子不甘心地追问。

“哈哈哈，如果觉得大学老师什么都知道，那可就大错特错喽。与已经知道的东西相比，人类不知道的东西其实更多。另外，每当一个问题解释清楚了，更多的未解之谜就会接踵而来。不过，正是因为有太多我们还解释不清楚的事情，生活才这么有趣啊！如果什么都知道了，这个世界该是多么无聊啊！”

“嗯，是这样的。”

“虽然有很多事情是未知的，但是通过研究我们会逐渐了解大自然的奥秘，让我们的生活拥有更多乐趣！比如说，我们看足球或者棒球比赛的时候，即使不懂比赛规则，也能看出哪边输哪边赢，对吧？”

“嗯。”

“但是如果了解比赛规则的话，看起球来就会觉得更有趣一些，是吧？科学研究也是一样。即使不了解我们生活在其中的这个世界的自然法则，我们也能生活下去。但是，如果我们能够了解大自然的运行规律，我们的生活就会更加快乐，更加丰富多彩！”

伽利略的相对性原理

“话说回来，万有引力定律也是自然法则中的一种。这条了不起的定律是牛顿发现的。万有引力定律已经十分深奥了，而一个叫爱因斯坦的人发现了一个更加深奥的理论，那就是著名的‘相对论’。你们听说过这个词吗？”

“听说过。是和黑洞有关吗？”

“嗯，正是。不过，我们要先从相对性原理说起。”

“啊，相对性原理？”

“别担心，别担心，没有你们想象的那么难。比如说，你们今天是坐电车来的吧？那么，你们是怎么知道自己乘坐的电车正在行驶的呢？”

“这个——只要看到车外面的景物在变化就知道了。”

“可是，也可能不是电车在动，而是车外的景物在动啊。”

“啊？但是我们能够感觉到车在晃动，刹车的时候也会感觉到身体向前倾，通过这些就能知道车在行驶。”

“嗯，确实是这么回事。平时，在电车行驶的时候，我们能够感觉到发动机的声音和车身的震动，因为根据我们的常识，地面是静止不动的，所以我们就认为在运动的是电车。现在，让我们先抛开这个常识，只考虑当时电车内和电车外的物体运动情况。在这种情况下，我们怎么才能知道电车是不是在运动呢？”

“嗯……”

“你们想一想，如果在静止的电车里松开手中的球，球会怎么样呢？”

“一般来说，是向下落吧？”

“那么，如果是在行驶的电车里呢？”

“咦？还是向下落吧……嗯，还是向下落！”

“对，没错。电车如果做加速运动的话就另当别论，但如果是做匀速运动的话，球还是会笔直下落的。也就是说，仅仅根据电车内物体的运动状态，我们是没办法确定电车是不是在行驶的。

“你们会问：根据窗外的景物可以确定吗？也不一定啊！例如，我们试着想象一下，从车窗看出去，我们的车旁边有两辆新干线列车。假设左边的是‘光之号’，右边的是‘希望号’，它们相向行驶，你们呢，坐在‘光之号’上。”

翼教授一边说，一边在白板上画了起来。

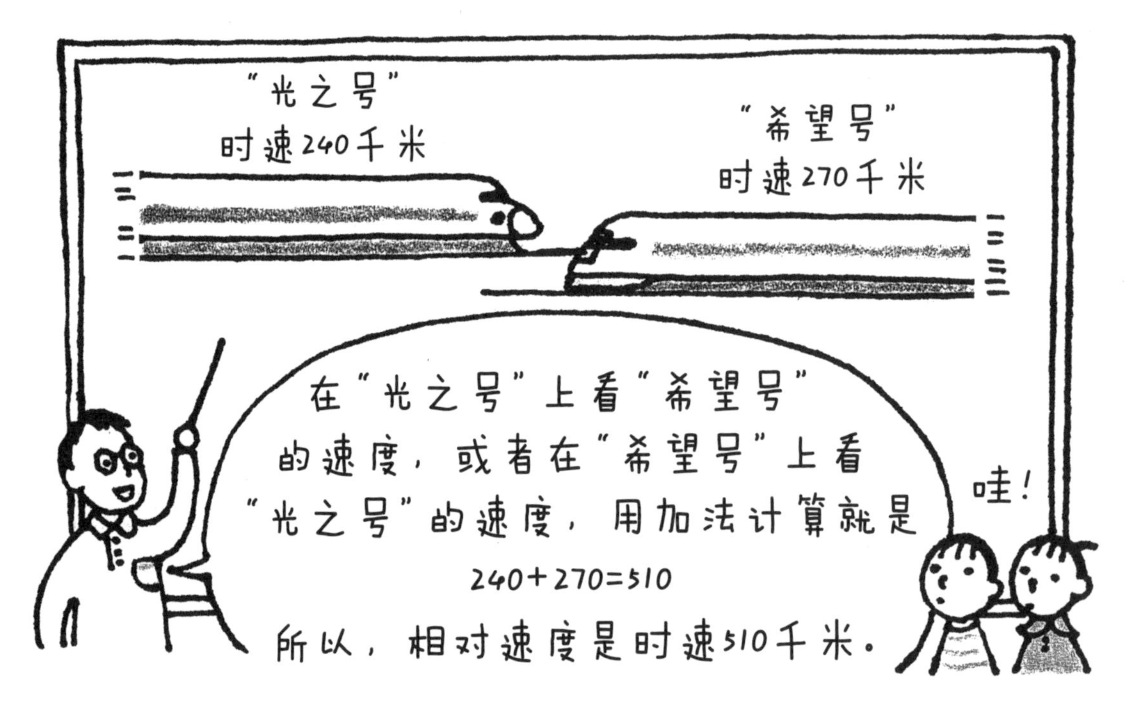

“假设‘光之号’的时速是240千米，‘希望号’的时速是270千米。这样的话，你们坐在‘光之号’上看‘希望号’的速度，或者坐在‘希望号’上的人看‘光之号’的速度会是什么样的呢？这个速度呀，就是‘光之号’和‘希望号’之间的‘相对速度’。”

“哦，把‘光之号’和‘希望号’的速度加起来，就是它们之间的相对速度，嗯，也就是时速510千米，对吗？”

“嗯，看起来是这么回事。那么，如果‘光之号’停了下来，而‘希望号’以510千米的时速行驶，它们之间的相对速度会有变化吗？还是时速510千米吧？”

“是啊，是啊。”

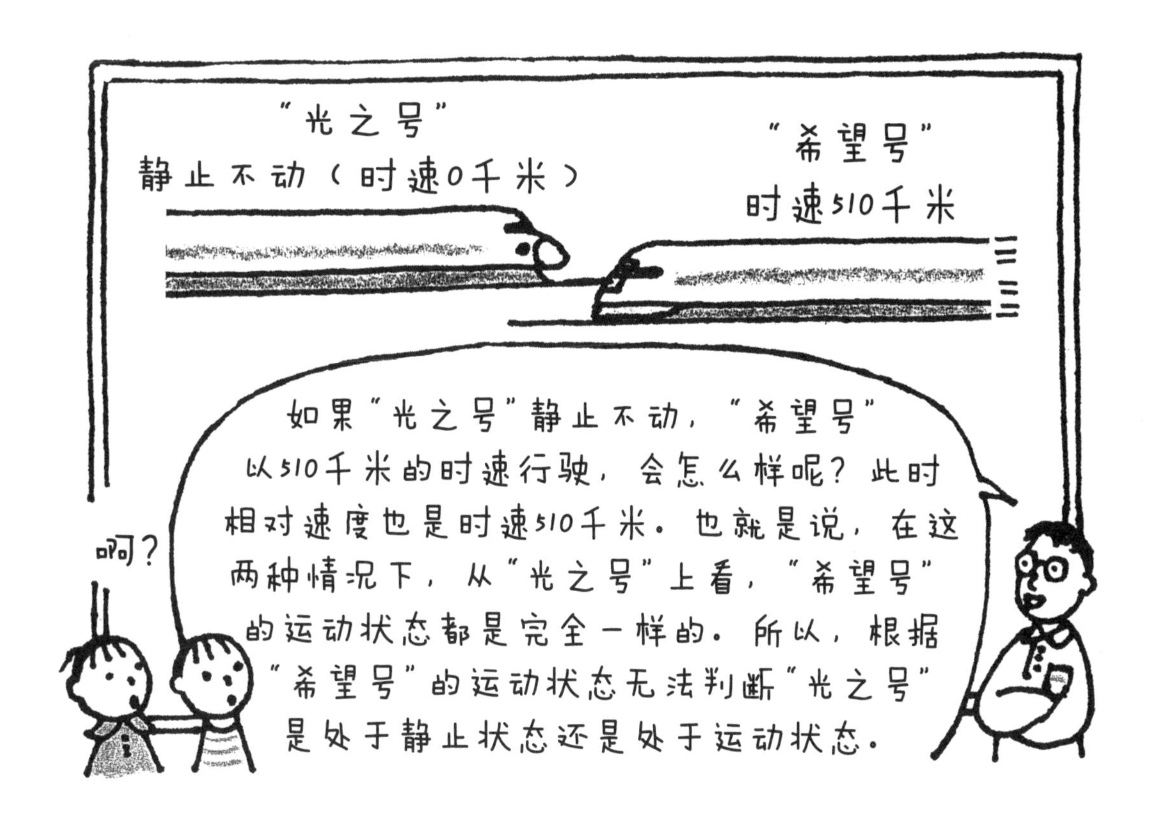

“也就是说，‘光之号’的时速是240千米，‘希望号’的时速是270千米，这是以地面为参照计算出来的。所以，如果在脑海中去掉地面的概念，就没办法确定自己的速度了。所以，乘坐‘光之号’或者‘希望号’的人只知道对方的速度，也就是只知道相对速度，这样他们就没有办法确定是自己和对方都在运动，还是自己静止，只有对方在运动。这个例子说明，即使以车外物体的运动状态为依据，也不能判断自己是不是正在运动。”

 伽利略的相对性原理 

如果一个物体在电车之类的承载空间内运动，那么承载空间无论以什么样的速度做匀速直线运动，这个物体的运动状态都与它在承载空间静止时的运动状态完全一致。

所以，根据承载空间中的物体的运动状态，并不能判断承载空间是静止的还是运动的。另外，根据承载空间周围的景物的状态，也不能判断承载空间是静止的还是运动的。

“这就是所谓的相对论吗？”

“不是不是，这是相对性原理，也叫作伽利略的相对性原理。就像刚才说的，根据车厢里外的物体的运动状态，无法判断究竟谁是运动的、谁是静止的。如果以电车的速度作为参照的话，地球也在运动，对吧？也就是说，运动和静止都不是绝对的。因为‘绝对’的反义词是‘相对’，所以这个原理叫作‘相对性原理’。”

运动着的是地球还是太阳？

“相对性原理原本是从天动说和地动说发展而来的。对了，你们听说过天动说和地动说吗？”

小智和星子都摇了摇头。

“没关系，虽然没听过，但是我一解释你们马上就能明白。现在已经是人类探索宇宙的太空时代了，所有人都知道地球是绕着太阳运动的，这种认为地球绕着太阳运动的想法就是‘地动说’。但是，站在地球上，我们看到太阳总是东升西落，从这个角度，能否认为是太阳在运动呢？这种认为太阳绕着地球运动的想法就是‘天动说’。”

地动说

地球在围绕着太阳运动。这种看法早已被科学证明是正确的。

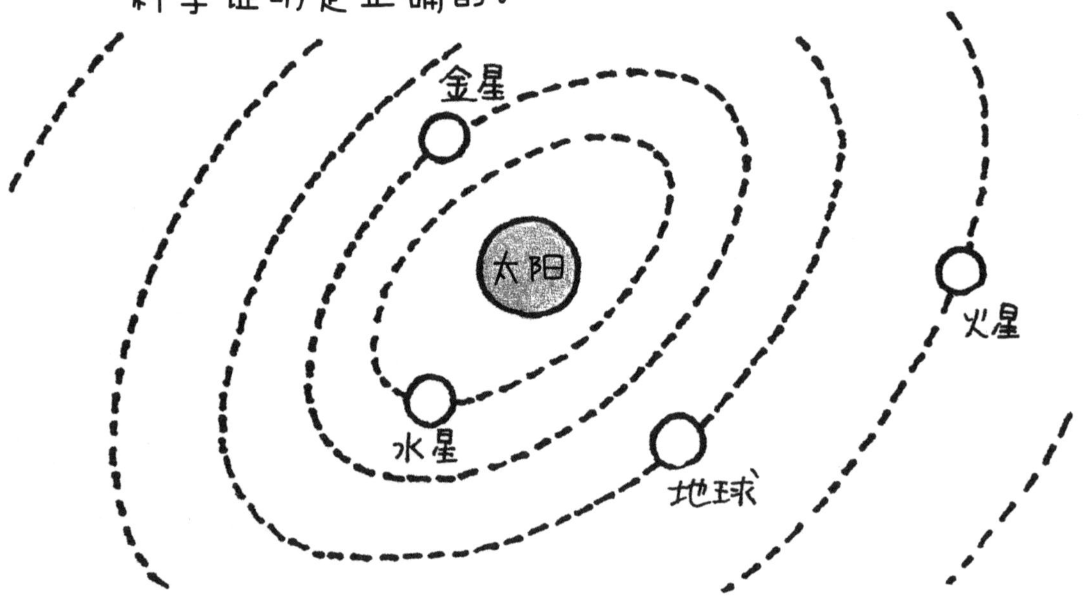

“原来是这样啊。”

“但是，很久以前，人们一直认为是太阳在围绕着地球运动。不光是太阳，他们还认为包括月亮和星星在内的宇宙万物都是围绕着地球运动的。后来有人开始质疑这个说法。1543年，一个叫哥白尼的人公开出版了他的著作《天体运行论》，正式发表了地球绕着太阳运动的看法。但是，当时几乎没什么人相信他的‘地动说’。”

天动说

太阳在围绕着地球运动。很久以前，所有人都相信这种说法。

“咦？为什么呢？”

“因为大家都认为，如果是地球在运动的话，那么地球上的人和物体就会随着地球的转动一起被甩出去。就像我们迎着风骑车的时候，帽子会被吹飞一样。不过，实际上，我们是感觉不到地球在运动的。”

&“是啊，确实完全没感觉。”

“所以呀，当时的人都觉得‘地动说’太荒唐、太可笑了。但是，事实果真如他们所想象的那样吗？刚才我们也说到了，在匀速行驶的电车里松开手中的球，和在静止的电车里松开手中的球一样，球都会笔直落在我们的脚边。虽然电车在运动，可球并不会落到别处。地球的运动也是同样的情形。

“虽然几乎人人都相信‘天动说’，认为如果是地球在运动的话，地球上的人和物体就会被甩走，但是伽利略并不这么想，他认为事实恰恰相反，地球上的人和物体都在随着地球一起运动。这是大约400年前的事情，这种观点被称为‘伽利略的相对性原理’。”

“真复杂啊！我觉得这是理所当然的事情啊！”

“是啊，确实是这样。在今天看来，这是理所当然的事情，我们所处的世界就是这个样子的。”

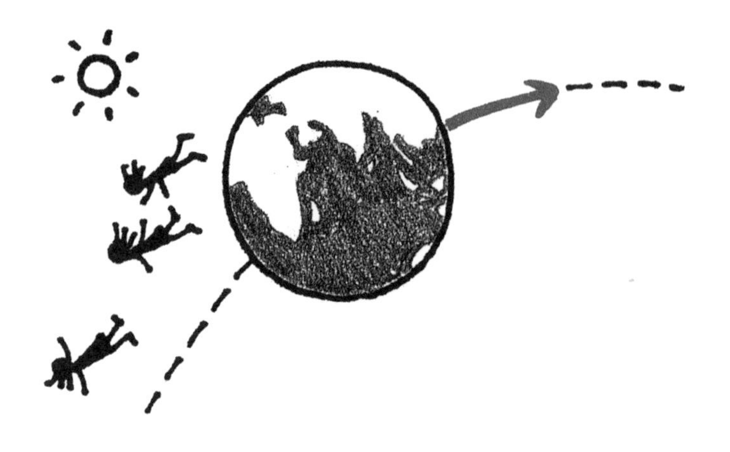

爱因斯坦的相对论

“但是，如果运动速度特别快，接近光速，或者是在黑洞的周围运动，这个看起来理所当然的相对性原理就不起作用了。为了使相对性原理在这些特殊情况下也能发挥作用，爱因斯坦对其进行了发展，提出了新的观点，这就是爱因斯坦在100多年前提出的‘相对性理论’。”

& “哦——”

“通常情况下，我们把它叫作‘相对性理论’，或者就叫‘相对论’。但实际上，爱因斯坦的相对论包括两部分：一部分是‘狭义相对论（特殊相对论）’，是关于运动中的物体的理论；另一部分是‘广义相对论（一般相对论）’，是由牛顿的万有引力定律延伸出来的关于重力的相对论。

“真想给你们讲讲关于相对论的知识啊！但是今天已经不早了，下次有机会再讲吧。”

“嗯，下次请翼教授继续给我们讲吧。”

“我们也能听懂吗？”

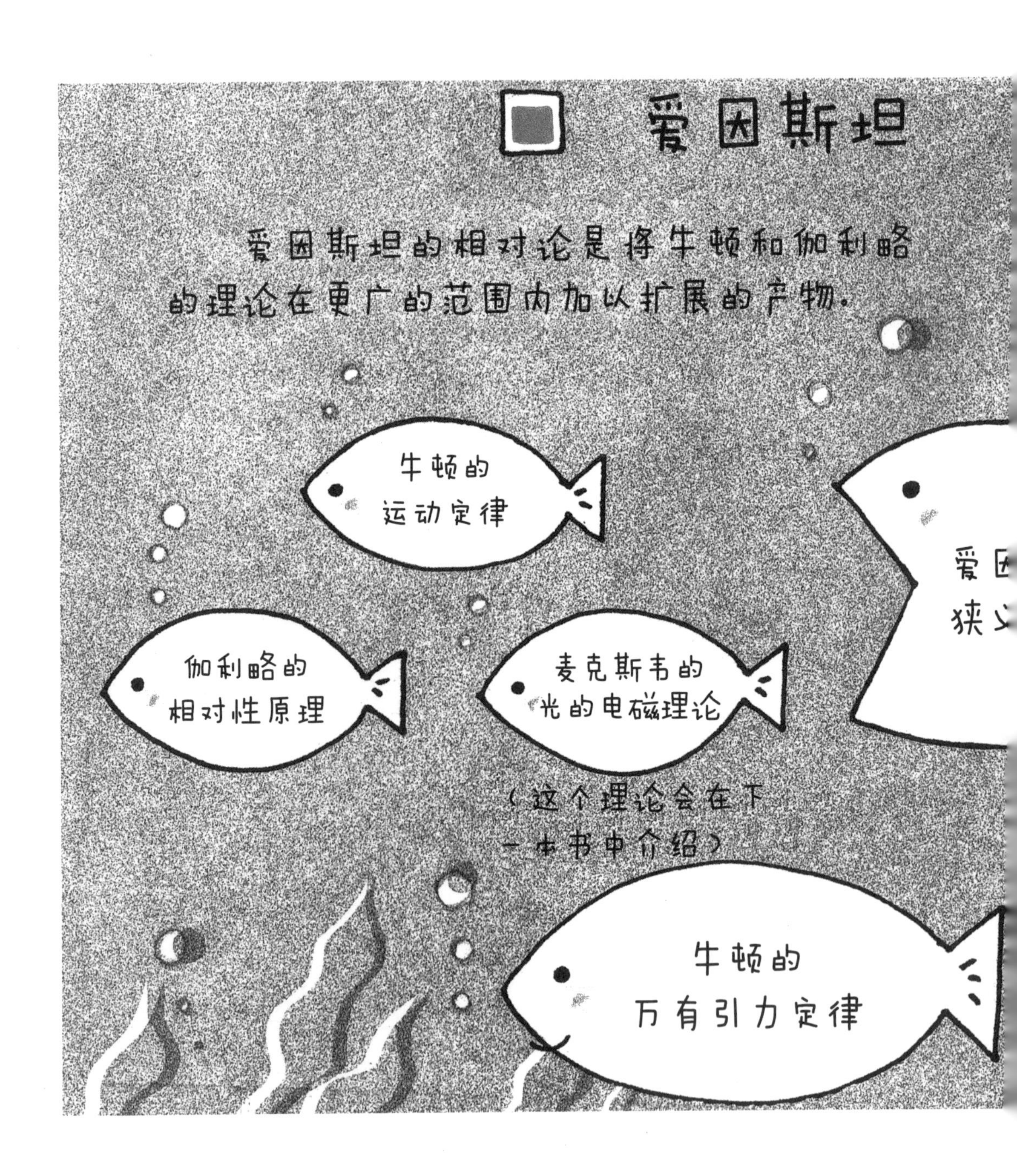
爱因斯坦
爱因斯坦的相对论是将牛顿和伽利略的理论在更广的范围内加以扩展的产物。
牛顿的
运动定律
伽利略的
相对性原理
麦克斯韦的
光的电磁理论
（这个理论会在下一本书中介绍）
牛顿的
万有引力定律

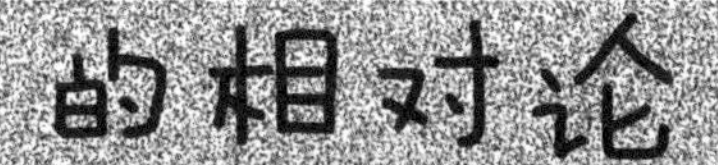

爱因斯坦的相对论分为狭义相对论和广义相对论两部分。爱因斯坦首先确立狭义相对论，然后将它发展为广义相对论。

“当然喽，你们肯定能听懂。这样吧，如果平时有时间的话，你们先想一想这个问题：假设有一艘宇宙飞船是以光速飞行的，飞船外有一束和它并排同向飞行的光，那么从飞船里面向外看的话，看到的光束会是什么样子呢？这个问题就算是留给你们的家庭作业吧。”

告别翼教授后，小智、星子和响子老师踏上了回家的路。

“大学里看起来很好玩啊……每天都有点心吃吗？”

“因为今天是周五，所以有些特殊……不过说起这个嘛，其实老师在这里读书的时候也经常有点心吃。但是，该认真读书的时候还是要努力用功地读书。”

“对了，响子老师，爱因斯坦是个什么样的人呢？”

“这个啊，老师也只是在书上看到过他的照片，知道他不仅提出了两种相对论，还提出了很多其他具有突破性的理论，是一位伟大的天才科学家。你们听过他的故事吗？爱因斯坦上学的时候成绩并不是很好，当然，他的数学成绩和物理成绩很棒，而需要记忆的科目他就不那么擅长了。所以，他第一次考大学的时候落榜了。”

& “哎呀，是真的吗？”

“嗯。好不容易考上大学之后，他在大学里的成绩也并不突出。虽然很想成为一名大学老师，但是一开始他并未如愿。大学毕业后，他在专利局做了一名普通的职员。”

& “哦——”

“但是，正是在专利局当职员的时候，他开始思考刚才翼教授提到的狭义相对论。他一边在专利局工作，一边努力研究这个问题。”

“是因为他在专利局工作，既有空闲时间又能接触很多新发明吗？”

“这个……可能也是原因之一吧。最重要的是，爱因斯坦从小就是个善于观察、善于思考、不解开疑团绝不罢休的人。所以，那种需要死记硬背的科目他就不太擅长了。”

& “明白了。”

薄暮笼罩大地，在微红的天空下，京都街景的轮廓隐约可见。眺望西边的山峦，火红的太阳正在缓缓下落。

是啊，我们的确感觉不到地球在转动。所以，以前的人都认为是太阳和月亮在围绕着地球转动，这种想法也是可以理解的。

“啊，的确如此啊！”

“嗯？你说什么？”

“哦，没事。”

小智其实是突然想到：既然地球在围绕着太阳转动，那么就像围绕着地球转动的月亮一样，地球也在朝着太阳的方向不停下落吧？